LES BASES EN MATHEMATIQUES

LIVRET 1

CE LIVRET APPARTIENT :

____

____

Introduction

L'apprentissage des maths est une suite de leçons qui s'emboîtent les unes dans les autres. Une leçon incomprise au cours de cet enchaînement peut marquer le début d'une mise en échec…

Avoir des bases solides est la solution idéale pour démystifier l'univers des mathématiques.

Un enfant au collège, en général, ne se rend pas compte de l'importance des connaissances qu'il acquiert pour la suite des études.

C'est au lycée qu'il prend conscience de cet enjeu.

Comment rattraper le temps perdu et ne pas creuser davantage le fossé, car les cours du lycée continuent …

L'idéal serait de tout reprendre, mais le temps manque.

Alors comment acquérir rapidement ces fameuses bases ?

Ce livret est un outil efficace pour une remise à niveau rapide des notions de mathématiques. Il se veut pratique, pédagogique et adapté pour les élèves de lycée, collège et centre de formation.

Du nombre à la virgule aux racines carrées, vous prendrez plaisir dans votre apprentissage afin d'obtenir un niveau en mathématiques le plus correct possible.

Les nombres à virgule :

Les puissances :

Le monde des comparaisons :

Les fractions :

Le développement :

Les racines carrées :

Le nombre à virgule ou nombre décimal

Chaque partie d'un nombre à virgule porte un nom :

La virgule

La partie entière se lit :
« Cent vingt-trois mille quatre cent cinquante-six »

La partie décimale se lit :
« Sept cent quatre-vingt-neuf »

123456,789

Donc ce nombre se lit :
« Cent vingt-trois mille quatre cent cinquante-six <u>virgule</u> sept cent quatre-vingt- neuf »

Petits rappels :
1 000 se lit mille
10 000 se lit dix mille
100 000 se lit cent mille
1 000 000 se lit un million
10 000 000 se lit dix millions
100 000 000 se lit cent millions
1 000 000 000 se lit un milliard …

Chaque emplacement des chiffres porte un nom

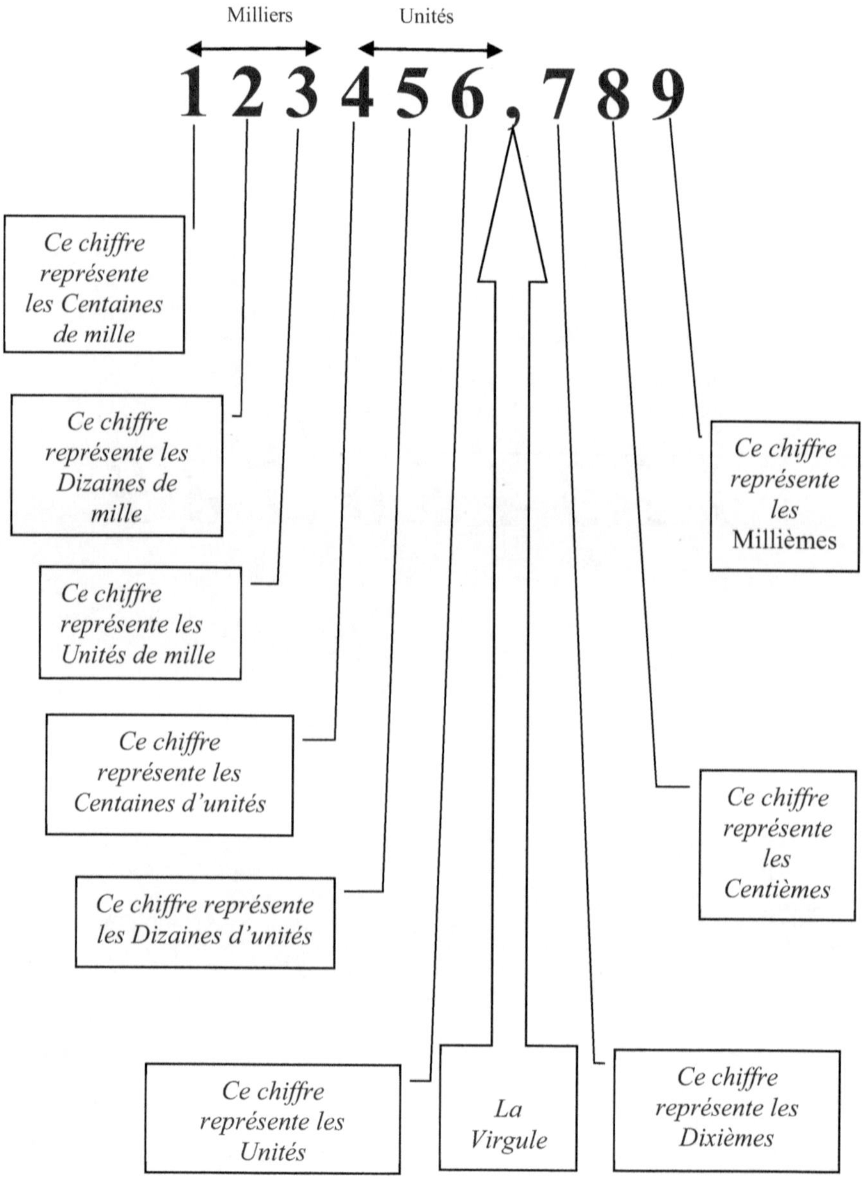

Comment écrire un nombre à virgule sans utiliser la virgule ?

Comment pouvons-nous écrire 19,71 sans virgule ?

↓

En utilisant une division :

19,71 est égal à 1971 ÷ 100

↓

Donc nous pouvons remplacer un nombre à virgule par une division !!!

Quelques exemples :

2,3 est égal à 23 ÷ 10

0,03 est égal à 3 ÷ 100

2,248 est égal à 2248 ÷ 1000

33,333 est égal à 33333 ÷ 1000

Comment déplacer une virgule ?

1971,9 **197,19** **19,719** **1,9719**

Existe-t-il des liens entre tous les nombres suivants ?

Les chiffres sont identiques mais les nombres sont différents car la virgule est positionnée différemment.

Quels outils utilise-t-on, en maths, pour déplacer une virgule ?

*Si on **divise** un nombre par **10** on décale la virgule **d'un rang** vers la gauche.*

*Si on **divise** un nombre par **100** on décale la virgule de **2 rangs** vers la gauche.*

*Si on **divise** un nombre par **1 000** on décale la virgule de **3 rangs** vers la gauche.*

Et ainsi de suite…

1971,9 x 10 = 197,19
1971,9 x 100 = 19,719
1971,9 x 1 000 = 1,9719

De la même façon *:*

*Si on **multiplie** un nombre par **10** on décale la virgule **d'un rang** vers la droite.*

*Si on **multiplie** un nombre par **100** on décale la virgule de **2 rangs** vers la droite.*

*Si on **multiplie** un nombre par **1 000** on décale la virgule de **3 rangs** vers la droite.*

Et ainsi de suite …

1,9719 x 10 = 19,719
1,9719 x 100 = 197,19
1,9719 x 1 000 = 1971,9

Comment déplacer une virgule, si le nombre de départ n'en possède pas ?

On ne modifie pas un nombre sans virgule si :

- *On lui ajoute une virgule à droite*
- *On ajoute autant de « 0 » que l'on veut devant lui ou/et après la virgule.*

Exemple :

Le nombre « 1971 »

C'est la même chose que

« 0000000001971,000000000 »

On peut ajouter autant de zéro que l'on veut devant un nombre.	*On peut ajouter autant de zéro que l'on veut derrière une virgule.*

Quels sont les intérêts de rajouter une virgule et des zéros ?

En écrivant ce nombre de cette façon nous pouvons, facilement appliquer des opérations du style :

$$1971 \div 100\,000 \text{ et } 1971 \times 100\,000$$

Exemples :

Comment calculer 1971 ÷ 100 000 ?

1ère étape : nous écrivons 1971 de cette façon 00001971,0000000

2ème étape : nous déplaçons la virgule de 5 rangs vers la gauche

000,01971000000

3ème étape : nous enlevons les zéros inutiles 0,01971

Comment calculer 1971 × 100 000 ?

1ère étape : nous écrivons 1971 de cette façon 00001971,0000000

2ème étape : nous déplaçons la virgule de 5 rangs vers la droite

0000197100000,00

3ème étape : nous enlevons les zéros inutiles 197 100 000

Comment multiplier des nombres 10

Quelques multiplications :

$10\times10=100$

$10\times10\times10=1000$

$10\times10\times10\times10=10\,000$

Avez-vous remarqué que les résultats sont toujours formés du chiffre "1" avec des zéros qui se suivent!!!

Combien avons-nous de zéros ?

Nous avons autant de "0" que des "10" qui se multiplient.

$$\underbrace{10\times10}_{\text{2 nombres "10"}}=\underbrace{100}_{\text{2 zéros}}$$

$$\underbrace{10\times10\times10\times10}_{\text{4 nombres "10"}}=\underbrace{10\,000}_{\text{4 zéros}}$$

En appliquant ce cheminement nous pouvons calculer la multiplication suivante, sans utiliser la calculatrice :

$$10\times10\times10\times10\times10\times10\times10\times10\times10=?$$

$$\underbrace{10\times10\times10\times10\times10\times10\times10\times10\times10}_{\textbf{9 nombres "10"}}=\underbrace{1\,000\,000\,000}_{\textbf{9 zéros}}$$

La notion de puissance

Faisons le calcul suivant:

$10 \times 10 \times 10 \times 10 \times 10 \times 10 \times 10 \times 10 \times 10 \times 10 \times 10 \times 10 \times 10 \times 10 \times 10 = ???$

Le résultat est :

1 000 000 000 000 000

Ce nombre est très grand et très long à écrire !!!
Pouvons-nous l'écrire autrement ?

Nous pouvons l'écrire de la façon suivante :

$$10^{15}$$

Ce nombre s'appelle l'exposant. Il indique le nombre de zéros:

Dans le nombre 1 000 000 000 000 000 Il y a 15 zéros.

Le nombre "10" indique que ce sont des "10" qui se multiplient entre eux.

Et « 10^{15} *» se lit « **10 à la puissance 15** »*

EXERCICE 1

10^5 se lit ……

10^4 se lit ……

$10 \times 10 \times 10 \times 10 = 10^{\cdots}$

$10 \times 10 \times 10 \times 10 \times 10 \times 10 = 10^{\cdots}$

Voir correction page 102

10 avec une puissance négative

Soit le nombre suivant: 0,000 000 000 000 1

<u>Ce nombre est très petit et très long à écrire, comment pouvons-nous l'écrire autrement ?</u>

On peut écrire ce nombre de la façon suivante:

10^{-13}

Le signe "-" indique que le chiffre « 1 » se trouve à droite de la virgule.

Ce nombre indique la position du chiffre « 1 » à droite de la virgule.

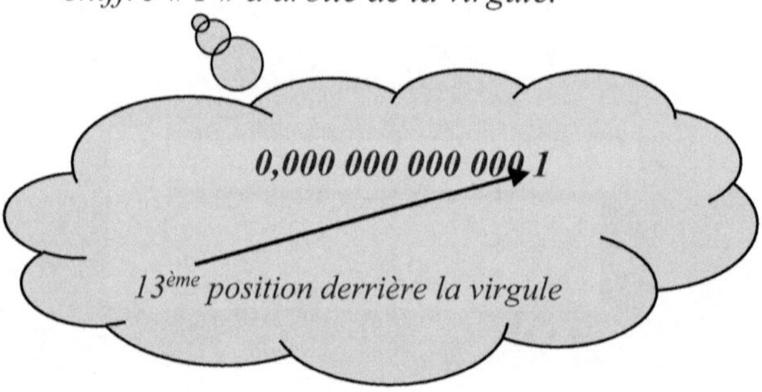

Et 10^{-13} *se lit "10 à la puissance moins 13"*

EXERCICE 2

10^{-6} Se lit .... et s'écrit ....

10^{-4} Se lit .... et s'écrit ....

10^{-2} Se lit ....et s'écrit ....

10^{-1} Se lit .... et s'écrit ....

. *Voir correction page 102*

Des puissances de 10 qui se multiplient

Lorsque nous multiplions des puissances de 10, nous ajoutons les exposants.

$$10^5 \times 10^3 = 10^8$$

$$\mathbf{5 + 3 = 8}$$

$$\mathbf{5 + (-3) = 5 - 3 = 2}$$

$$10^5 \times 10^{-3} = 10^2$$

La forme générale est :

$$10^n \times 10^p = 10^{(n+p)}$$

Et n et p représentent des nombres.

EXERCICE 3

$10^3 \times 10^4 = \ldots\ldots$

$10^4 \times 10^{-3} = \ldots\ldots$

$10^3 \times 10^2 \times 10^5 = \ldots\ldots$

$10^2 \times 10^4 \times 10^5 \times 10^3 = \ldots\ldots$

Voir correction page 102

Quelques petites règles très importantes :

La règle des signes

- Le résultat du produit de deux nombres positifs est un nombre positif.
- Le résultat du produit de deux nombres négatifs est un nombre positif.
- Le résultat du produit d'un nombre positif avec un nombre négatif est un nombre négatif.

Exemples :

(+3) x (+2) = + 6

(-3) x (- 2) = +6

(+3) x (-2) = - 6

(-3) x (+2) = -6

Cette règle vous sera rappelée régulièrement !!!

EXERCICE 4

(+3) x (+4) =

(-2) x (- 6) =

(+6) x (-12) =

(-8) x (+2) =

(+13) x (+2) =

(-8) x (- 4) =

(+7) x (-2) =

(-9) x (+3) =

Voir correction page 102

PUISSANCES DE 10 AVEC PLUSIEURS EXPOSANTS

Lorsqu'une puissance de 10 est, elle même à la puissance, nous multiplions les exposants

$$(10^3)^5 = 10^{3\times5} = 10^{15}$$

La forme générale est la suivante:

$$(10^n)^p = 10^{n\times p}$$

Et n et p représentent des nombres

DES PUISSANCES DE 10 QUI SE DIVISENT

Lorsque nous divisons deux puissances de 10, nous soustrayons la puissance du haut avec la puissance du bas.

5 - 3 = 2

$$\frac{10^{5}}{10^{3}} = 10^{5-3} = 10^{2}$$

5 – (-3) = 8

$$\frac{10^{5}}{10^{-3}} = 10^{5-(-3)} = 10^{5+3} = 10^{8}$$

Rappel : Deux signes «-» qui se suivent deviennent un «+»

La forme générale est :

$$\frac{10^{n}}{10^{p}} = 10^{n-p}$$

Et n et p représentent des nombres

EXERCICE 5

$(10^3)^2 = \ldots\ldots$

$(10^{-3})^4 = \ldots\ldots$

$(10^2)^{-4} = \ldots\ldots$

$(10^{-2})^{-3} = \ldots\ldots$

$\frac{10^4}{10^2} = \ldots\ldots$

$\frac{10^3}{10^{-2}} = \ldots\ldots$

$\frac{10^{-3}}{10^{-2}} = \ldots\ldots$

Voir correction page 103

L'ÉCRITURE SCIENTIFIQUE

$$3{,}2 \times 10^2$$

Ce nombre est écrit en notation scientifique.
Car il possède:

- *une virgule, avec 1 seul chiffre devant, qui est différent de zéro,*
- *Une puissance de 10.*

Les nombres suivants sont-ils écrits avec la notation scientifique ?

$0{,}2 \times 10^{-2}$

NON

Le chiffre devant la virgule doit être différent de zéro.

$15{,}2 \times 10^3$

NON

Il ne faut qu'un seul chiffre devant la virgule.

$2{,}4 \times 10^5$

OUI

Il n'y a qu'un seul chiffre devant la virgule et le nombre possède une puissance de 10.

<u>COMMENT ÉCRIRE UN GRAND NOMBRE EN NOTATION SCIENTIFIQUE ?</u>

Écrivons le nombre suivant en notation scientifique : 123 254,286

<u>Étape n°1</u>: Nous devons déplacer la virgule derrière le premier chiffre.

123 254,286

1,23 254286

<u>Étape n°2</u>:
De combien de rangs devons-nous déplacer la virgule, pour pouvoir revenir au nombre du départ ?

Réponse:5 rangs vers la droite.
Comment faire pour déplacer une virgule de 5 rangs vers la droite?

Réponse: en multipliant par 10^5

<u>Étape n°3</u>:
Nous devons réunir les informations des étapes 1 et 2.

Ainsi l'écriture scientifique de

123 254,286 est $1{,}23254286 \times 10^5$

COMMENT ÉCRIRE UN TRÈS PETIT NOMBRE EN NOTATION SCIENTIFIQUE ?

Écrivons le nombre suivant en notation scientifique: 0,0002345

Etape n°1: Il faut placer la virgule derrière le premier chiffre différent de zéro

0,0002345

00002,345

Etape n°2: Pour revenir à notre nombre de départ, nous devons déplacer la virgule de 4 rangs vers la gauche. Nous savons que multiplier un nombre par 10^{-4} *fait déplacer la virgule de 4 rangs vers la gauche.*

Étape n°3:
Nous devons réunir les informations des étapes 1 et 2.

Ainsi l'écriture scientifique de

0,0002345 est $00002{,}345 \times 10^{-4}$

Retirons les zéros inutiles

$2{,}345 \times 10^{-4}$

EXERCICE 6

Ecrivez les nombres suivants en écriture scientifique :

12455 = ………………..

265498 = ………………

0,2548 = ………………..

0,00021548 = …………..

125,456 =………………

59651,21654 =…………

Voir correction page 103

COMMENT CALCULER LA PUISSANCE D'UN NOMBRE, AUTRE QUE 10 ?

Que représentent les expressions suivantes :

3^5

$(-3)^5$

-1^6

2^4

3^5 *se lit "3 à la puissance5"*

$(-3)^5$ *se lit "moins 3 à la puissance5"*

2^4 *se lit "2 à la puissance4"*

-1^6 *se lit "moins 1 à la puissance5"*

Mais comment calcule-t-on ces puissances ?

$$3^5 = \underbrace{3 \times 3 \times 3 \times 3 \times 3} = 243$$

Nous multiplions « 5 fois les 3 ensemble ».
Et non pas « nous multiplions 3 par 5 ».

$$(-3)^5 = \underbrace{(-3) \times (-3) \times (-3) \times (-3) \times (-3)} = -243$$

Nous multiplions « 5 fois les -3 ensemble ».
Et non pas « nous multiplions -3 par 5 ».

$$2^4 = 2 \times 2 \times 2 \times 2 = 16$$

Nous multiplions « 4 fois les 2 ensemble ».
Et non pas « nous multiplions 2 par 4 ».

$$-1^6 = -1 \times 1 \times 1 \times 1 \times 1 \times 1 = -1$$

Nous multiplions « 6 fois les 1 ensemble ».
Et non pas « nous multiplions 1 par 6 ».

<u>Attention</u> : « -1 » n'est pas entre parenthèses, cela veut dire que seul le nombre « 1 » est à la puissance et non le signe « - ».

Quelques règles sur les puissances

- ***Règle 1 :***

$$a^n \times a^p = a^{n+p}$$

Exemples :

$$5^3 \times 5^6 = 5^{3+6} = 5^9$$

$$5^9 \times 5^{-6} = 5^{9+(-6)} = 5^{9-6} = 5^3$$

$$5^{-4} \times 5^{-6} = 5^{-4+(-6)} = 5^{-4-6} = 5^{-10}$$

- ***Règle 2 :***

$$\frac{a^n}{a^p} = a^{n-p}$$

Exemples :

$$\frac{4^7}{4^2} = 4^{7-2} = 4^5$$

$$\frac{4^{-5}}{4^2} = 4^{-5-2} = 4^{-7}$$

$$\frac{4^8}{4^{-2}} = 4^{8-(-2)} = 4^{8+2} = 4^{10}$$

Petit rappel : *- (- 2) = +2*

Règle 3 :

$$\left(\frac{a}{b}\right)^n = \frac{a^n}{b^n}$$

Exemples :

$$\left(\frac{4}{3}\right)^5 = \frac{4^5}{3^5}$$

$$\left(\frac{-1}{4}\right)^3 = \frac{(-1)^3}{4^3}$$

$$\left(\frac{6}{7}\right)^{-2} = \frac{6^{-2}}{7^{-2}}$$

- ***Règle 4:***

$$(a \times b)^n = a^n \times b^n$$

Exemples :

$$(3 \times 5)^2 = 3^2 \times 5^2$$

$$(-3 \times 7)^4 = (-3)^4 \times 7^4$$

$$(6 \times 7)^{-5} = 6^{-5} \times 7^{-5}$$

- ***Règle 5 :***

$$a^{-n} = \frac{1}{a^n}$$

Nous changeons tout simplement le signe du nombre.
Exemple :
-2 devient +2
+3 devient -3
4 devient -4 …

Exemples :

$$7^{-2} = \frac{1}{7^2} \qquad 6^5 = \frac{1}{6^{-5}}$$

- ***Règle 6 :***

$$\left(a^n\right)^p = a^{n\times p}$$

Exemples :

$$(7^2)^5 = 7^{2\times5} = 7^{10}$$

$$(4^{-2})^5 = 4^{(-2)\times5} = 4^{-10}$$

$$(3^{-2})^{-6} = 3^{(-2)\times(-6)} = 3^{12}$$

- ***Et enfin la dernière règle :***

$$a^0 = 1$$

Exemples :

$$2^0 = 1 \qquad (-5)^0 = 1 \qquad -3^0 = -1$$

Attention : le signe « - » n'est pas à la puissance « 0 »

EXERCICE 7

$2 \times 2 \times 2 \times 2 \times 2 \times 2 = 2^{\cdots\cdots}$

$(-4) \times (-4) \times (-4) = (-4)^{\cdots\cdots}$

$-3 \times 3 \times 3 \times 3 = -(3)^{\cdots\cdots}$

$\frac{2^4}{2^2} = \cdots\cdots$

$2^5 \times 2^2 = 2^{\cdots\cdots}$

$4^3 \times 4^2 = 4^{\cdots\cdots}$

$\left(\frac{3}{2}\right)^5 = \frac{3^{\cdots\cdots}}{2^{\cdots\cdots}}$

$(2^4)^3 = 2^{\cdots\cdots}$

$\frac{5^3}{5^2} = 5^{\cdots\cdots}$

$\frac{7^4}{7^{-5}} = 7^{\cdots\cdots}$

Voir correction page 103

Une inégalité

Quels outils pouvons-nous utiliser pour traduire:

Que "3" est plus petit que "9" ?

Que "8" est plus grand que "5"?

Nous utilisons les symboles suivants:

Ce symbole se lit "inférieur ou égal à"

Ce symbole se lit "strictement inférieur à"

$$\leq \; ; \; \geq \; ; \; \langle \; ; \; \rangle$$

Ce symbole se lit "supérieur ou égal à"

Ce symbole se lit "strictement supérieur à"

Donc "3 plus petit que 9" s'écrit $3 \langle 9$

Et "8 plus grand que 5" s'écrit $8 \rangle 5$

Petite précision:

Pouvons-nous écrire que $3 \langle 3$ *?*

Non car le symbole utilisé se lit "STRICTEMENT inférieur à". Cela veut dire que nous ne pouvons mettre qu'un nombre plus grand que "3" à droite du symbole "$\langle$*".*

Pouvons-nous écrire que $3 \leq 3$ *?*

Oui, car le symbole utilisé se lit "inférieur ou EGAL à". Cela veut dire que nous pouvons mettre soit un nombre plus grand que "3", soit égal à "3".

Exemples :

$$3 \langle ?$$

Quels nombres pouvons-nous mettre à la place de ce point d'interrogation ?

Nous pouvons remplacer ce point d'interrogation par tous les nombres plus grands que 3 comme par exemple 3,1 ; 4 ; 5 ...

$$3 \leq ?$$

Quels nombres pouvons-nous mettre à la place de ce point d'interrogation?

Nous pouvons remplacer ce point d'interrogation par tous les nombres plus grands que "3" comme par exemple 3,1 ; 4 ; 5 ... mais également par le nombre "3" car ce symbole " $\leq$ *" se lit "supérieur ou EGAL à"*

Comment comparer des nombres avec des parties entières différentes

19,71 ***18,1***

Lequel de ces nombres est le plus petit ?
Le plus petit est celui qui a la plus petite partie entière

19 est la partie entière de 19,71
18 est la partie entière de 18,1

18 est plus petit que 19
donc
18,1 est plus petit que 19,71.

En maths nous disons:
18,1 est strictement inférieur à 19,71

Et nous l'écrivons $18{,}1 < 19{,}71$

Nous pouvons également dire que:

19,71 est strictement supérieur à 18,1,

Et écrire $19{,}71 > 18{,}1$

Comment comparer des nombres avec des parties entières égales ?

19,718 ***19,8***

Lequel de ces nombres est le plus petit ?

Les parties entières sont identiques, nous devons donc regarder les chiffres situés après la virgule.
Un problème vient de se poser: dans le premier nombre il y a 3 chiffres derrière la virgule et dans le deuxième nous n'en avons qu'un seul !
Pour plus de facilité je vous conseille de faire apparaître le même nombre de chiffres. Mais comment ?

Pouvons-nous enlever des chiffres à 19,718 ?

Evidemment que non, nous ne pouvons pas remplacer 19,718 par 19,7 car 19,718 n'est pas égal à 19,7.

Si nous ne pouvons pas enlever des chiffres, pouvons-nous alors en ajouter?

Oui, mais pas n'importe où !!!
Nous pouvons ajouter des zéros à la suite des chiffres, situés derrière la virgule.

19,8 peut donc s'écrire 19,800

Ainsi 19,718 et 19,800 possèdent, à présent, le même nombre de chiffres derrière la virgule, nous pouvons alors, plus facilement, les comparer.

19,718 → 718 est plus petit que 800 ← 19,800
(718 < 800)
↓
Donc 19,718 est plus petit que 19,800
(19,718 < 19,800)

Attention, vous devez toujours donner le résultat final en respectant les nombres de l'énoncé

Donc ***19,718 < 19,8***

EXERCICE 8

Entre chaque nombre, placez le signe "<" ou ">"

17,2 ….. 18,24

-4,2 ….. -3,2

-42,89 ….. -42,90

3,285 ….. 3,29

4,872 ….. 4,87

Voir correction page 104

Notion d'arrondi

A l'aide de la calculatrice, divisons « 12 » par « 7 ».

Nous obtenons le résultat suivant :

$$\frac{12}{7} = 1{,}714285714285714285$$

Que pensez-vous de ce résultat?

Allons-nous indiquer ce nombre sur une copie ?????
*Non, cela serait aberrant, donc pour éviter d'écrire 18 chiffres derrière la virgule nous allons **l'arrondir**.*

C'est quoi un arrondi ?

L'arrondi d'un nombre est la valeur approchée la plus proche de ce nombre.

En général, l'énoncé, du problème de maths, indique, par un vocabulaire spécifique, le nombre de chiffres à mettre derrière la virgule.

- *« 0 chiffre derrière la virgule » se traduit par « arrondir le nombre à l'unité ».*
- *« 1 chiffre derrière la virgule » se traduit par « arrondir le nombre à 10^{-1} près » ou « à 0,1 près » ou « au dixième ».*
- *« 2 chiffres derrière la virgule » se traduit par «arrondir le nombre à 10^{-2} près » ou « à 0,01 près » ou « au centième ».*
- *« 3 chiffres derrière la virgule », se traduit par: « arrondir le nombre à 10^{-3} près » ou « à 0,001 près » ou « au millième ».*
- *etc.*

Mais comment arrondir un nombre à l'unité, au dixième, au centième, au millième … ?
Dans un premier temps nous devons repérer le bon chiffre :

- *Si nous voulons « 0 chiffre » derrière la virgule, nous regardons le 1er chiffre derrière la virgule.*

- *Si nous voulons « 1 chiffre » derrière la virgule, nous regardons le 2ème chiffre derrière la virgule.*

- *Si nous voulons « 2 chiffres » derrière la virgule, nous regardons le 3ème chiffre derrière la virgule.*

- *Si nous voulons « 3 chiffres » derrière la virgule, nous regardons le 4ème chiffre derrière la virgule.*

- *Et ainsi de suite…*

Après avoir repéré le chiffre, nous appliquons les règles suivantes :

- *Si le chiffre est 0, 1, 2, 3 ou 4, alors nous écrivons le nombre, avec le nombre de chiffres voulu derrière la virgule sans rien modifier.*

- *Si le chiffre est 5, 6, 7, 8 ou 9, alors nous écrivons le nombre, avec le nombre de chiffres souhaité en augmentant le dernier de « 1 ».*

Quelques exemples

Exemple n°1 :

Donnons la valeur approchée à 10^{-3} près de 123,456739 :

Un nombre avec 3 chiffres derrière la virgule.

Nous devons donc regarder le 4ème chiffre derrière la virgule.

*123,456**7**39*

Puisque ce chiffre vaut « 7 », nous rajouterons « 1 » au 3ème chiffre.

En conclusion :

123,456739 ⟶ 123,45<u>7</u>

Exemple n°2 :

Donnons la valeur approchée à 10^{-2} près de *123,486739 :*

↓

Un nombre avec 2 chiffres derrière la virgule.

↓

Regardons le 3ème chiffre derrière la virgule.

↓

*123,48***6***739*

↓

Puisque ce chiffre vaut « 6 » alors nous augmentons de « 1 » le 2ème chiffre.

En conclusion :

23,486739 ⟶ *123,4*$\underline{9}$

Exemple n°3 :

Donnons la valeur approchée à 10^{-4} près de 123,486739 :

Un nombre avec 4 chiffres derrière la virgule.

Nous devons donc regarder le 5ème chiffre derrière la virgule.

*123,4867**3**9*

Puisque ce chiffre vaut « 3 » alors nous écrirons le nombre avec 4 chiffres derrière la virgule sans modifier leur valeur.

En conclusion :

$$123{,}486739 \longrightarrow 123{,}486\underline{7}$$

Revenons à notre division du début :

$$\frac{12}{7} = 1{,}714285714285714285$$

Donnons le résultat à l'unité :

Puisque le chiffre derrière la virgule vaut « 7 » alors nous arrondissons ce nombre en augmentant de « 1 » le chiffre se trouvant devant la virgule.

« 1,714285714285714285 » s'écrit « 2 » en l'arrondissant à l'unité.

Donnons le résultat au centième (soit 2 nombres derrière la virgule) :

Puisque le 3ème chiffre vaut « 4 » alors nous n'augmentons pas de « 1 » le 2ème nombre.

« 1,714285714285714285 » s'écrit « 1,71 » en l'arrondissant au centième.

Il existe d'autres formes d'arrondies :

L'arrondi par défaut :

Nous devons tout simplement écrire le nombre avec le nombre de chiffres demandés, derrière la virgule sans rien modifier.

Exemples :

1,714285714285714285

- *Donner la valeur approchée à* 10^{-2} *près par défaut :1,71*
- *Donner la valeur approchée à* 10^{-3} *près par défaut :1,714*
- *Donner la valeur approchée à* 10^{-1} *près par défaut :1,7*
- *Donner la valeur approchée à l'unité par défaut : 1*

L'arrondi par excès :

Nous devons tout simplement écrire le nombre de chiffres, demandés, derrière la virgule, en ajoutant automatiquement « 1 » au dernier chiffre.

Exemples :

1,714285714285714285

- *Donner la valeur approchée à* 10^{-2} *près par excès :1,72*
- *Donner la valeur approchée à* 10^{-3} *près par excès :1,715*
- *Donner la valeur approchée à* 10^{-1} *près par excès : 1,8*
- *Donner la valeur approchée à l'unité par excès : 2*

EXERCICE 9

Arrondir les nombres suivants à l'unité :

a) $\begin{cases} 3{,}28 \\ 3{,}78 \\ 3{,}50 \end{cases}$

Arrondir les nombres suivants au centième :

b) $\begin{cases} 3{,}285 \\ 3{,}489 \\ 3{,}455 \end{cases}$

Donner la valeur approchée à 10^{-3} près des nombres suivants :

c) $\begin{cases} 2{,}3458 \\ 2{,}3454 \\ 2{,}3455 \end{cases}$

Arrondir par excès les nombres suivants à 10^{-2} :

d) $\begin{cases} 3{,}284 \\ 3{,}286 \\ 3{,}285 \end{cases}$

Arrondir par défaut à 10^{-2} les nombres suivants :

e) $\begin{cases} 2{,}485 \\ 2{,}483 \\ 2{,}4842 \end{cases}$

Voir correction page 104

Comment écrire une division sans utiliser le sigle ÷ ?

↓

En utilisant la forme fractionnaire !

↓

Au lieu d'écrire 1971 ÷ 100

Nous allons écrire UNE FRACTION :

$$\frac{1971}{100}$$

Quelques exemples :

2,3 est égal à « 23 ÷ 10 » qui s'écrit sous forme de fraction :

$$\frac{23}{10}$$

0,03 est égal à « 3 ÷ 100 » qui s'écrit sous forme de fraction :

$$\frac{3}{100}$$

2,248 est égal à « 2248 ÷ 1000 » qui s'écrit sous forme de fraction :

$$\frac{2248}{1000}$$

33,333 est égal à « 33333 ÷ 1000 » qui s'écrit sous forme de fraction :

$$\frac{33333}{1000}$$

EXERCICE 10

Ecrire sous forme de fractions les nombres suivants :

2,5 →

42,6 →

412,5 →

215,25 →

454,548 →

1,546 →

62,45 →

548,54 →

4496,54 →

6411,4118 →

Voir correction page 105

Chaque terme d'une fraction porte un nom

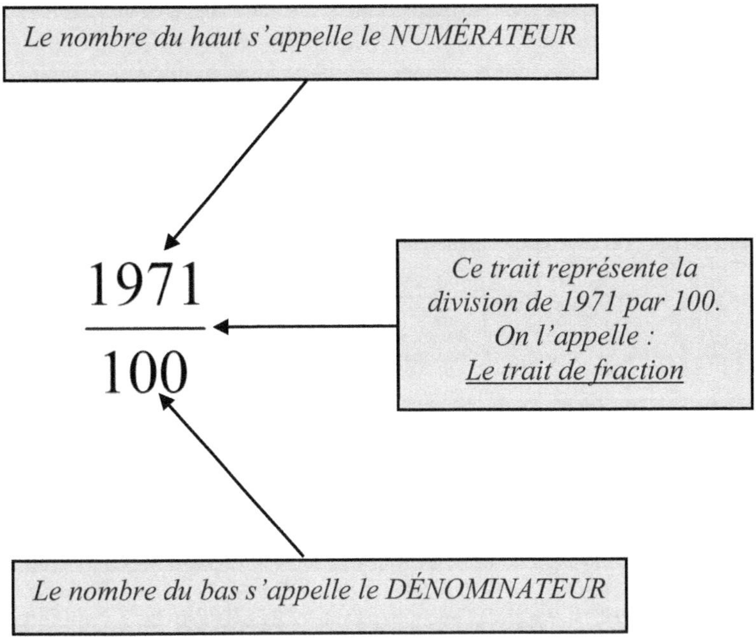

Des fractions identiques

Prenons notre calculatrice et calculons les divisions suivantes, écrites sous forme de fraction :

$$\frac{150}{100} = \qquad \frac{1500}{1000} = \qquad \frac{15}{10} =$$

Nous remarquons que l'on obtient toujours le même résultat (1,5)

Pourquoi ?

Nous remarquons qu'il existe un lien entre ces fractions. La deuxième fraction est obtenue en multipliant le numérateur et le dénominateur de la première par 10.

De même pour la troisième fraction qui a été obtenue en divisant le numérateur et le dénominateur, de la deuxième, par 100.

En conclusion si nous multiplions ou divisons le numérateur et le dénominateur par un même nombre, le résultat de la division est identique.

Ceci est très important pour la suite.
Beaucoup trop d'élèves oublient cette règle qui les pénalise énormément !!!

Comment additionner ou soustraire des fractions avec le même dénominateur ?

$\frac{4}{10}$

$\frac{3}{10}$

Puis-je additionner ces 2 fractions, sans les modifier ?

OUI, car elles ont le même dénominateur, le nombre 10.

Mais comment les additionner ?

On additionne les numérateurs, mais on n'ajoute surtout pas les dénominateurs!

$$\frac{4}{10}+\frac{3}{10}=\frac{4+3}{10}=\frac{7}{10} \quad car \quad 4+3=7$$

Attention *: on laisse le résultat sous la forme d'une fraction, sauf si on vous demande de donner le résultat sous la forme décimale, auquel cas le résultat serait 0,7.*

De la même façon, nous pouvons soustraire ces 2 fractions !

$$\frac{4}{10}-\frac{3}{10}=\frac{4-3}{10}=\frac{1}{10} \quad car \quad 4-3=1$$

EXERCICE 11

Calculer les expressions suivantes :

$$\frac{10}{3}+\frac{13}{3}=$$

$$\frac{5}{2}-\frac{2}{2}=$$

$$\frac{4}{9}+\frac{2}{9}=$$

$$\frac{4}{9}-\frac{3}{9}=$$

$$\frac{3}{7}+\frac{4}{7}=$$

Voir correction page 105

Comment multiplier des fractions ?

$$\frac{4}{5} \times \frac{2}{3} = ?$$

Pour multiplier des fractions, nous n'avons pas besoin d'avoir le même dénominateur.

Nous devons tout simplement multiplier les « étages » entre eux, et c'est TOUT, pour le moment. En effet nous verrons, par la suite que nous sommes obligés de simplifier une fraction lorsque nous en avons la possibilité.

$$\frac{4}{5} \times \frac{2}{3} = \frac{4 \times 2}{5 \times 3} = \frac{8}{15}$$

EXERCICE 12

Calculer les expressions suivantes :

$$\frac{3}{7} \text{ x } \frac{2}{5} =$$

$$\frac{1}{7} \text{ x } \frac{3}{4} =$$

$$\frac{3}{2} \text{ x } \frac{7}{5} =$$

$$\frac{7}{6} \text{ x } \frac{3}{2} =$$

$$\frac{1}{3} \text{ x } \frac{1}{7} =$$

Voir correction page 106

Quel est l'inverse d'un nombre ?

$$\boxed{\frac{5}{3}} \qquad\qquad \boxed{\frac{3}{5}}$$

Ces 2 fractions ont-elles une particularité ?

Oui, le produit de ces 2 fractions est égal à 1

$$\frac{5}{3}\times\frac{3}{5}=\frac{15}{15}=1$$

Dans ce cas, nous disons que :

$\frac{5}{3}$ *Est l'inverse de* $\frac{3}{5}$

De même

L'inverse du nombre de « a » est : $"\frac{1}{a}"$

L'inverse du nombre $"\frac{1}{a}"$ *est* $"a"$

Exemple :

L'inverse du nombre "5" *est* $"\frac{1}{5}"$

<u>Comment diviser des fractions ?</u>

$$\frac{4}{5} \div \frac{2}{3} = ?$$

Nous sommes obligés de « transformer » cette division en une multiplication.

Nous devons tout simplement multiplier

La première fraction $\left(\frac{4}{5}\right)$

Par l'inverse de la seconde $\left(\frac{2}{3}\right)$

$$\frac{4}{5} \div \frac{2}{3} = ? \quad \longrightarrow \quad \frac{4}{5} \times \frac{3}{2} = ?$$

Nous avons donc inversé la 2nd fraction

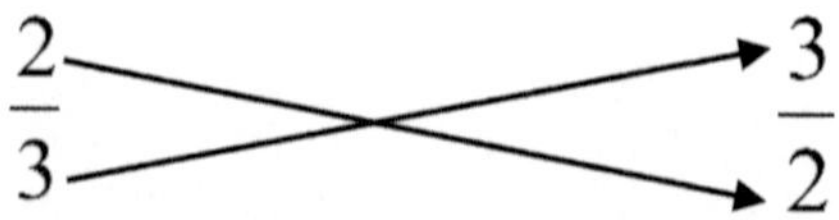

Après avoir transformé cette division en une multiplication, nous devons tout simplement multiplier ces 2 fractions et simplifier la fraction obtenue si cela est possible. (Pour simplifier une fraction voir la fiche « Comment simplifier une fraction ?»)

$$\frac{4}{5} \times \frac{3}{2} = \frac{12}{10} = \frac{6}{5}$$

<u>Cas particulier :</u>

$$\frac{4}{5} \div 2 = ?$$

<u>Comment diviser cette expression mathématique puisque que nous n'avons pas 2 fractions, mais une seule ?</u>

Nous savons que « 2 *» est égal à «* $\frac{2}{1}$ *» donc :*

$$\frac{4}{5} \div 2 \quad = \quad \frac{4}{5} \div \frac{2}{1}$$

et ainsi nous retrouvons une division de 2 fractions!

Calculons la nouvelle expression et simplifions le résultat si cela est possible:

(Pour simplifier une fraction voir la fiche « Comment simplifier une fraction ? »)

$$\frac{4}{5} \div \frac{2}{1} = \frac{4}{5} \times \frac{1}{2} = \frac{4 \times 1}{5 \times 2} = \frac{4}{10} = \frac{2}{5}$$

EXERCICE 13

Calculer les expressions suivantes :

$$\frac{3}{7} \div \frac{5}{2} =$$

$$\frac{1}{7} \div \frac{4}{3} =$$

$$\frac{3}{2} \div \frac{5}{7} =$$

$$\frac{7}{6} \div \frac{2}{3} =$$

$$\frac{1}{3} \div 7 =$$

Voir correction page 106

Comment additionner ou soustraire des fractions avec des dénominateurs différents ?

$\frac{4}{3}$ $\frac{1}{5}$

Puis-je additionner ou soustraire ces 2 fractions ?

Pour le moment, NON, car ces fractions n'ont pas le même dénominateur.

↓

Une fois que les deux fractions auront le même dénominateur, nous pourrons à ce moment là, les additionner ou les soustraire.

↓

La prochaine étape va donc consister à faire apparaître le même dénominateur sous chacune des fractions.

Comment réduire des fractions au même dénominateur ?

$$\frac{4}{3} \qquad \frac{1}{5}$$

Quels sont les dénominateurs de ces fractions ?

Le premier dénominateur est 3 et le deuxième est 5.

Si nous voulons réduire ces fractions même dénominateur, nous devons faire apparaître un dénominateur unique que l'on nomme le dénominateur commun.

Comment trouver le dénominateur commun ?

Le dénominateur commun est un nombre entier qui est multiple de « 3 » et de « 5 », c'est-à-dire un nombre qui appartient à la fois à la table des « 3 » et des « 5 ».

Nous pouvons facilement trouver ce nombre, en multipliant les dénominateurs entre eux.

Soit $3 \times 5 = 15$

Attention : Nous sommes d'accord que « 15 » appartient à la table des « 3 » et des « 5 », mais en existe-t-il d'autres ?
Oui, « 45 » et « 30 » appartiennent également à ces tables.
Alors, pourquoi avons-nous choisi « 15 » comme dénominateur commun ?
Parce que c'est le plus petit des nombres qui est divisible à la fois par « 3 » et par « 5 » !!!

⇩

Nous savons que 15 est maintenant le dénominateur commun

⇩

Nous allons donc pouvoir modifier les fractions $\frac{4}{3}$ *et* $\frac{1}{5}$ *en remplaçant les anciens dénominateurs « 3 » et « 5 » par le nouveau « 15 ».*

__ATTENTION__ :
Si nous modifions le dénominateur, nous sommes obligés de modifier le numérateur.

Modifions ces numérateurs:

$$\frac{4}{3} \rightarrow \frac{?}{15} \qquad \frac{1}{5} \rightarrow \frac{?}{15}$$

Par quels nombres allons-nous remplacer les numérateurs ?

Vous devez, pour cela, vous posez la question suivante :

*« **Par quel nombre ai-je multiplié mon ancien dénominateur pour obtenir le nouveau ?** »*

Cherchons ces nouveaux numérateurs

<u>*Cherchons le nouveau numérateur dans la 1ère fraction :*</u>

$$\frac{4}{3} \dashrightarrow \frac{?}{15}$$

<u>*Par quel nombre pouvons-nous multiplier le dénominateur « 3 » pour obtenir le nouveau « 15 » ?*</u>

Par « 5 » car « $3 \times 5 = 15$ *».*

Puisque nous avons multiplié l'ancien dénominateur par « 5 » pour avoir le nouveau, nous allons ***<u>également</u>*** *multiplier <u>l'ancien numérateur</u> par « 5 » pour avoir le nouveau.*

(Finalement si nous multiplions le bas par « 5 » nous sommes obligés de multiplier le haut par « 5 »).

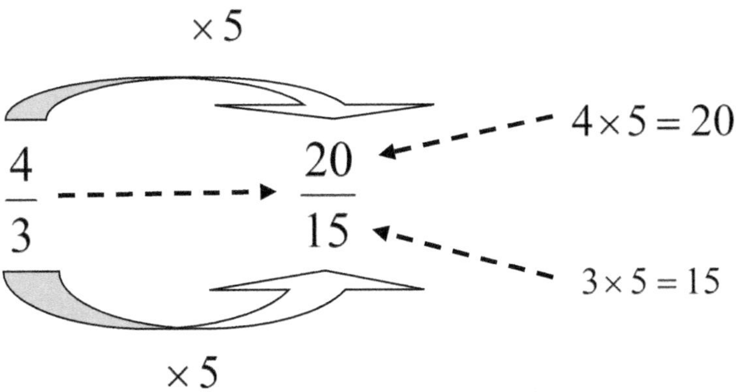

<u>Cherchons le nouveau numérateur dans la 2ème fraction :</u>

$$\frac{1}{5} \dashrightarrow \frac{?}{15}$$

<u>Par quel nombre pouvons-nous multiplier le dénominateur « 5 » pour obtenir le nouveau « 15 » ?</u>

Par « 3 » car « $5 \times 3 = 15$ *».*

Donc pour obtenir le nouveau numérateur, nous allons multiplier l'ancien par « 3 » également.

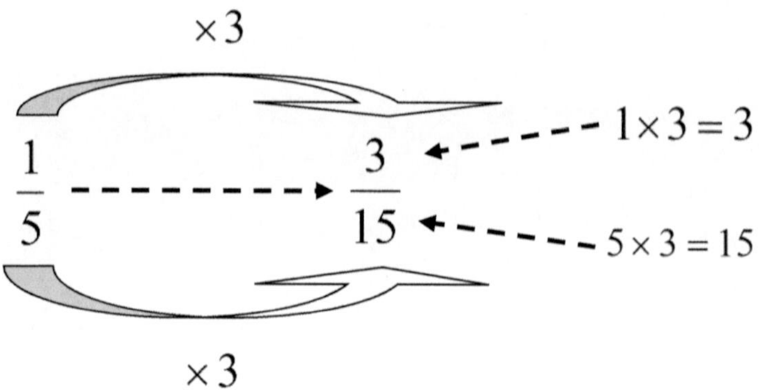

<u>En conclusion pour modifier une fraction sans changer sa valeur, il faut multiplier le numérateur et le dénominateur par le même nombre.</u>

$$\frac{4}{3} \text{ devient } \frac{20}{15} \quad \text{et} \quad \frac{1}{5} \text{ devient } \frac{3}{15}$$

Nous pouvons, maintenant, additionner ou soustraire $\frac{4}{3}$ *et* $\frac{1}{5}$ *en remplaçant ces fractions par les nouvelles (avec le même dénominateur)*

$$\frac{4}{3}+\frac{1}{5}=\frac{20}{15}+\frac{3}{15}=\frac{(20+3)}{15}=\frac{23}{15}$$

$$\frac{4}{3}-\frac{1}{5}=\frac{20}{15}-\frac{3}{15}=\frac{(20-3)}{15}=\frac{17}{15}$$

Autres exemples :

$$\frac{5}{7}+\frac{3}{4}=?$$

***1ère étape*: Trouver le dénominateur commun**

Le dénominateur commun est un nombre entier qui est multiple de « 7 » et « 4 »

Quel est ce nombre ?

Nous pouvons trouver ce nombre, en multipliant les dénominateurs entre eux.

$$\text{Soit } 7\times 4 = 28$$

Donc 28 est le dénominateur commun.

Pour le moment nous savons que les fractions « $\frac{5}{7}$ » et « $\frac{3}{4}$ » vont s'écrire « $\frac{?}{28}$ » et « $\frac{?}{28}$ ».

2ème **étape: Trouver les nouveaux numérateurs :**

Modification de la 1ère fraction

$$\frac{5}{7} \longrightarrow \frac{?}{28}$$

Par quel nombre devons-nous multiplier « 7 » pour obtenir le dénominateur en commun « 28 » ?
Par « 4 » car $7\times4 = 28$.
Donc pour obtenir le nouveau numérateur nous sommes obligés de multiplier l'ancien numérateur par « 4 » également.

$$\frac{5}{7} \longrightarrow \frac{20}{28}$$

Modification de la 2ème fraction

$$\frac{3}{4} \longrightarrow \frac{?}{28}$$

Par quel nombre devons-nous multiplier « 4 » pour obtenir le dénominateur en commun « 28 » ?
Par « 7 » car $4\times7 = 28$.
Donc pour obtenir le nouveau numérateur nous sommes obligés de multiplier l'ancien numérateur par « 7 » également

$$\frac{3}{4} \longrightarrow \frac{21}{28}$$

Après avoir mis les deux fractions au même dénominateur, nous pouvons poursuivre et finir le calcul demandé.

$$\frac{5}{7}+\frac{3}{4}=\frac{20}{28}+\frac{21}{28}=\frac{20+21}{28}=\frac{41}{28}$$

EXERCICE 14

Calculer les expressions suivantes :

$$\frac{1}{3} + \frac{1}{4} =$$

$$\frac{2}{5} + \frac{1}{3} =$$

$$\frac{5}{7} + \frac{3}{4} =$$

$$\frac{2}{5} + \frac{4}{7} =$$

$$\frac{3}{8} + \frac{2}{3} =$$

Voir correction page 106

Comment comparer des fractions ?

$\frac{4}{3}$ ← *Laquelle de ces fractions est la plus grande ?* → $\frac{1}{5}$

Il est très difficile de comparer des fractions, si elles ne sont pas réduites au même dénominateur. Nous devons donc réduire ces fractions au même dénominateur. (revoir la fiche "comment réduire des fractions au même dénominateur" si cela vous pose problème)

⇓

$\frac{4}{3}$ *se transforme en* $\frac{20}{15}$ *et* $\frac{1}{5}$ *se transforme en* $\frac{3}{15}$

Puisque « 3 » est inférieur à « 20 », alors « $\frac{3}{15}$ *» est inférieur à «* $\frac{20}{15}$ *» et de même «* $\frac{1}{5}$ *» est inférieur à «* $\frac{4}{3}$ *».*

$$3 \langle 20 \Rightarrow \frac{3}{15} \langle \frac{20}{15} \Rightarrow \frac{1}{5} \langle \frac{4}{3}$$

En conclusion, si nous comparons des fractions avec des dénominateurs identiques il suffit de comparer les numérateurs.
Si les dénominateurs sont différents, pour plus de facilité, nous pouvons réduire les fractions au même dénominateur pour pouvoir ensuite les comparer.

EXERCICE 15

Comparer les fractions suivantes :

$\frac{2}{3}$ et $\frac{4}{7}$

$\frac{5}{4}$ et $\frac{10}{3}$

$\frac{5}{9}$ et $\frac{3}{5}$

$\frac{4}{3}$ et $\frac{1}{5}$

$\frac{2}{9}$ et $\frac{1}{7}$

Voir correction page 106

Des numérateurs et dénominateurs différents, mais des fractions égales

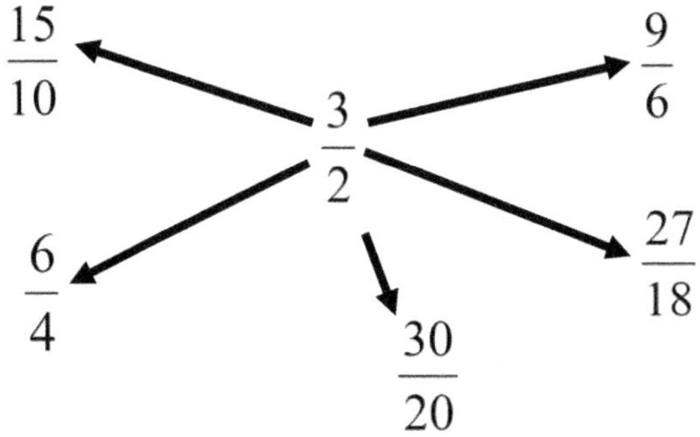

<u>*Existe-t-il un lien entre toutes ces fractions ?*</u>

OUI. tous les résultats des divisions sont égaux. à 1.5.

<u>*Pour écrire 1,5 sous forme fractionnaire, choisit-on, au hasard, la fraction ?*</u>

NON, il faut absolument choisir la fraction avec le numérateur et le dénominateur les plus petits possible, soit

$$1{,}5 = \frac{3}{2}$$

Après un exercice si vous obtenez une fraction, vous devez ***obligatoirement*** *la réduire pour que le numérateur et le dénominateur soient les plus petits possible.*

La fraction obtenue s'appelle une fraction IRREDUCTIBLE

<u>*Mais comment réduire une fraction ?*</u>

Comment simplifier une fraction ?

$$\frac{2700}{18900}$$

Pouvons-nous, sans modifier le résultat de la division, écrire cette fraction avec des nombres plus petits ?

Oui, en utilisant les critères de divisibilité.

Critères de divisibilité :

- Un nombre est divisible par 2, s'il est pair (il se termine par 0, 2, 4, 6 ou 8).
Exemples : 24 ; 32

- Un nombre est divisible par 5, s'il se termine par 0 ou 5.
Exemples : 85 ; 150

- Un nombre est divisible par 10, s'il se termine par 0.
Exemples : 150 ; 450

- Un nombre est divisible par 3, si la somme de ses chiffres est divisible par 3.
Exemple : 435 (car 4+3+5=12 et 12 est divisible par 3)

- Un nombre est divisible par 9, si la somme de ses chiffres est divisible par 9.
Exemple : 576 (car 5+7+6=18 et 18 est divisible par 9)

Essayons ensemble de simplifier notre fraction de départ :

$$\frac{2700}{18900}$$

2700 et 18900 se terminent par « 0 »nous pouvons donc les diviser, soit par « 2 », soit par « 5 » ou par « 10 ».
(Il faut choisir le plus grand diviseur (10), ainsi les grands nombres seront plus petits rapidement)
(Attention, il faut absolument que le dénominateur et le numérateur soient divisibles par le même nombre)

$$\frac{2700}{18900} = \frac{270}{1890} \longleftarrow$$

Nous avons divisé par « 10 » le dénominateur et le numérateur

270 et 1890 se terminent par « 0 »nous pouvons donc les diviser, soit par « 2 », soit par « 5 » ou par « 10 ». Nous choisirons le plus grand (10)

$$\frac{270}{1890} = \frac{27}{189} \longleftarrow$$

Nous avons divisé par 10 le dénominateur et le numérateur

27 et 189 ne sont pas paires, on ne peut pas les diviser par « 2 »,
Ils ne se terminent pas par « 0 » ni « 5 » on ne peut donc pas les diviser par « 5 ».
Ils ne se terminent pas par « 0 » on ne peut donc pas les diviser par « 10 ».
<u>Peut-on les diviser par « 3 » ?</u>
Oui car la somme de leurs chiffres est divisible par 3
(2+7 = 9 et 1+8+9= 18)
<u>Peut-on les diviser par « 9 » ?</u>
Oui car la somme de leurs chiffres est divisible par 9
(2+7 = 9 et 1+8+9= 18)
Nous allons donc diviser les deux nombres par le plus grand, c'est à dire « 9 ».

$$\frac{27}{189} = \frac{3}{21} \longleftarrow$$

Nous avons divisé par 9
le dénominateur et le numérateur

3 et 21 ne sont pas divisibles par 2, 5 , 9 et 10.
Sont-ils divisibles par « 3 » ?
Oui car la somme de leurs chiffres est divisible par « 3 ».
(3 et 2+1 = 3 sont divisible par « 3 »)

$$\frac{3}{21} = \frac{1}{7} \longleftarrow$$

Nous avons divisé par 3
le dénominateur et le numérateur

<u>Récapitulatif :</u>

$$\frac{2700}{18900} = \frac{270}{1890} = \frac{27}{189} = \frac{3}{21} = \frac{1}{7}$$

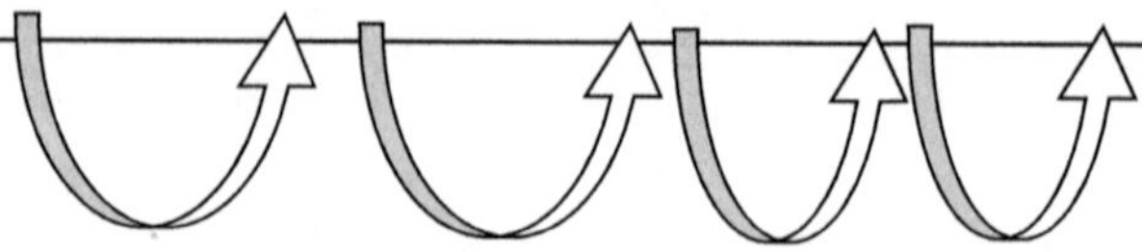

Attention, si un nombre n'est pas divisible par 2, 3, 5, 9 et 10 cela ne veut pas dire que l'on ne peut pas le diviser par un autre nombre !
Il faut essayer de le diviser par ***<u>un nombre premier</u>****.*

<u>Mais que représente un nombre premier ?</u>

Nous avons remarqué dans l'exemple ci-dessus qu'il était difficile et long de trouver tous les diviseurs.

<u>Un nombre premier, c'est quoi ?</u>
C'est un nombre qui n'est divisible que par 1 et par lui-même. *Par exemple : 7, 11, 13, 17 ...* *Le nombre 10 est divisible par 1, par 2, par 5 et par 10, ce n'est donc pas un nombre premier.* *Le nombre 23 n'est divisible que par 1 et 23 donc c'est un nombre premier.*

<u>*Existe-t-il une méthode pour trouver directement le diviseur unique qui réduit la fraction en une seule étape?*</u>

OUI, il faut trouver le plus grand diviseur commun (le PGCD).

Comment déterminer le plus grand diviseur commun (PGCD) de deux nombres?

1ère méthode : Trouver le PGCD en dressant la liste des diviseurs :

Trouvons le PGCD de 24 et 18.

Quels sont les diviseurs de 24 ?

24 est divisible :
Par 1,
Par 2,
Par 3,
Par 4,
Par 6,
Par 8,
Par 12
Et par 24.

Quels sont les diviseurs de 18 ?

18 est divisible :
Par 1,
Par 2,
Par 3,
Par 6,
Par 9
Et par 18.

Quel est le plus grand diviseur en commun ?
C'est 6, donc le PGCD est égal à 6

Nous pouvons simplifier la fraction $\frac{24}{18}$ *en une seule étape, en divisant le numérateur et le dénominateur par le PGCD de 18 et 24, c'est-à-dire par 6.*

$$\frac{24}{18}=\frac{4}{3}$$

Ainsi nous obtenons une fraction irréductible en une seule étape !!!

Nous avons pu dresser la liste des diviseurs de 18 et 24 facilement, car ces nombres ne sont pas très grands !!!

Mais comment fait-on si on se trouve devant de très grands nombres ?
Devons nous dresser la liste de tous les diviseurs, au risque d'en oublier ? NON, il existe un moyen d'obtenir le PGCD sans dresser toute la liste des diviseurs, en utilisant la division euclidienne.

2ème méthode : Trouver le PGCD en utilisant la division euclidienne » :

Trouvons le PGCD de 435 et 345 :

On effectue la division euclidienne de 435 par 345 :

4	345
90	1

On effectue ensuite la division euclidienne du diviseur de la division précédente (345) par le reste de la division précédente (90).

345	90
75	3

On effectue ensuite la division euclidienne du diviseur de la division précédente (90) par le reste de la division précédente (75).

90	75
15	1

Et on recommence de la même façon

75	15
0	3

Quand le reste est égal à zéro, nous arrêtons les divisions et le PGCD est le dernier diviseur, ici c'est 15

Donc le PGCD de 435 et 345 est égal à 15

Nous pouvons donc simplifier la fraction $\frac{345}{435}$ *en une seule étape, en divisant le numérateur et le dénominateur par le PGCD de 435 et 345 (c'est-à-dire par 15).*

$$\frac{345}{435} = \frac{23}{29}$$

← Ainsi nous obtenons une fraction irréductible en une seule étape !!!

EXERCICE 16

Calculer le PGCD des nombres suivants :

- 154 et 226
- 414 et 542
- 435 et 345
- 215 et 225
- 535 et 455

Voir correction page 106

Les règles de priorité : des opérations sans parenthèses

- *Comment calculer l'expression suivante ?*

$$A = 26 - 5 + 8 = ?$$

Règle n°1 :
Dans un calcul sans parenthèses, lorsqu'il n'y a que des additions et des soustractions, nous pouvons effectuer les calculs de la gauche vers la droite. (2 termes par 2 termes).

$$A = \underbrace{26 - 5} + 8 = ?$$
$$A = \underbrace{21 \quad + 8}$$
$$A = 29$$

- *Comment calculer l'expression suivante ?*

$$B = 5 + 10 \div 2 + 5 \times 2 - 4$$

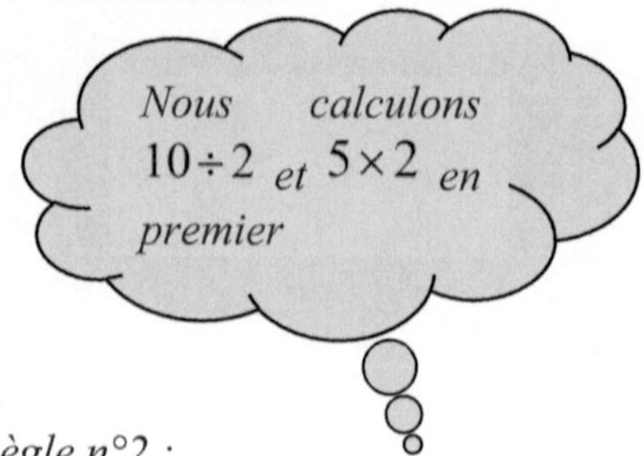

Règle n°2 :
Dans un calcul sans parenthèses, on effectue d'abord les multiplications et les divisions avant les additions et les soustractions.

$$B = 5 + 10 \div 2 + 5 \times 2 - 4$$
$$B = 5 + 5 + 10 - 4$$
$$B = 10 + 10 - 4$$
$$B = 20 - 4$$
$$B = 16$$

Les règles de priorités : des opérations avec des parenthèses

Comment calculer l'expression suivante ?

$$C = 22 - (4 + (5 - 3) - 1) + 10$$

> *Règle n°3 :*
>
> *On effectue d'abord les calculs entre parenthèses, en commençant par celles placées à l'intérieur.*

$$C = 22 - (4 + (5 - 3) - 1) + 10$$

$$C = 22 - \underbrace{(4 + \ 2 \ - 1)} + 10$$

$$C = \underbrace{22 \ - 5} + 10$$

$$C = \underbrace{17 + 10}$$

$$C = 27$$

EXERCICE 17

Calculer les expressions suivantes :

$A = 3 + 4 - 8$

$B = 5 + 10 \div 2 + 5 \times 2 - 4$

$C = 7 + 1 \times 4 + 2$

$D = 8 \div 2 + 2 - 3$

$E = 7 \times 2 - 5 \times 2 + 10$

$F = 3 - (4 + 3)$

$G = 22 - (4 + (5 - 3) - 1) + 10$

$H = 4 - (3 + 7) + 1$

$I = -(2 - 3) + (5 + 4)$

$J = 14 - (2 + 4) + 7 - 3$

Voir correction page 107

Comment appliquer la distributivité et le développement ?

Comment calculer l'expression suivante : $2 \times (3 + 5)$

Première façon :

Nous calculons l'intérieur de la parenthèse et nous multiplions le résultat par 2 :

$$2 \times (3 + 5) = 2 \times 8 = 16$$

Deuxième façon:

Le nombre « 2 » situé devant la parenthèse nous indique que tous les nombres situés à l'intérieur de celle-ci sont multipliés par 2.

Nous allons donc multiplier tous les nombres de la parenthèse par le nombre situé devant, en maths nous appelons cela ***« développer ».***

Et nous développons en appliquant ***la distributivité***

$$2 \times (3 + 5) = 2 \times 3 + 2 \times 5$$

Pour finir le calcul, il suffit de calculer les multiplications et d'additionner leurs résultats.

$$2 \times (3+5) = 2 \times 3 + 2 \times 5 = 6 + 10 = 16$$

- *La multiplication est distributive par rapport à l'addition.*
  Quels que soient les nombres a, b et c nous avons :

$$c \times (a + b) = c \times a + c \times b$$

Exemple : $2 \times (4 + 3) = 2 \times 4 + 2 \times 3$

$$c \times a + c \times b = c \times (a + b)$$

Exemple : $2 \times 4 + 2 \times 3 = 2 \times (4 + 3)$

$$(a + b) \times c = c \times a + c \times b$$

Exemple : $(4 + 3) \times 2 = 2 \times 4 + 2 \times 3$

$$c \times a + c \times b = (a + b) \times c$$

Exemple : $2 \times 4 + 2 \times 3 = (4 + 3) \times 2$

- *La multiplication est distributive par rapport à la soustraction.*
  Quels que soient les nombres a, b et c nous avons :

$$c \times (a - b) = c \times a - c \times b$$

Exemple : $2 \times (4 - 3) = 2 \times 4 - 2 \times 3$

$$c \times a - c \times b = c \times (a - b)$$

Exemple : $2 \times 4 - 2 \times 3 = 2 \times (4 - 3)$

$$(a - b) \times c = c \times a - c \times b$$

Exemple : $(4 - 3) \times 2 = 2 \times 4 - 2 \times 3$

$$c \times a - c \times b = (a - b) \times c$$

Exemple : $2 \times 4 - 2 \times 3 = (4 - 3) \times 2$

EXERCICE 18

Calculer les expressions suivantes en utilisant la distributivité :

4 x (2 + 4)

3 x (2 – 4)

– 4 x (2 – 4)

–5 x (2 + 4)

–5 x (–2 + 4)

–5 x (–2 – 4)

3 x (2 + 4) + 4 (4 – 1)

3 x (2 + 4) – 4 (4 – 1)

3 x (3 – 4) – 3 (–2 + 1)

2 x (3 + 4) –7

Voir correction page 107

C'est quoi une racine carrée et à quoi ça sert ?

Quel nombre multiplié par lui-même est égal à 9 ?
La réponse est « 3 » car
$$3\times3=9$$

Quel nombre multiplié par lui-même est égal à 81 ?
La réponse est « 9 » car
$$9\times9=81$$

Quel nombre multiplié par lui-même est égal à 4 ?
La réponse est « 2 » car
$$2\times2=4$$

Pour le moment, si vous connaissez vos tables vous n'avez pas trop de difficultés à répondre !!!
Mais les tables de multiplications que vous avez apprises, s'arrêtent en général à la 10ème alors comment répondre à la question suivante :

Quel nombre multiplié par lui-même est égal à 169 ?

↓

Pour répondre à cette question, un outil existe !!!

C'est « la racine carrée » qui a pour symbole « $\sqrt{}$ ».

↓

Pour trouver la réponse à la question nous devons calculer, à l'aide de la calculatrice, « la racine carrée de 169 » que nous écrivons $\sqrt{169}$.

Appuyons sur la touche [$\sqrt{}$], *tapons* [169] *et appuyons sur le signe* [=]

Et nous obtenons '13' comme résultat.

Donc $\sqrt{169}=13$

La réponse à la question est « 13 » car $13\times13=169$

En se servant de la calculatrice répondons aux questions suivantes :

Quel nombre multiplié par lui-même est égal à 576 ?

La réponse est 24 car $\sqrt{576} = 24$

Quel nombre multiplié par lui-même est égal à 324 ?

La réponse est 18 car $\sqrt{324} = 18$

Quel nombre multiplié par lui-même est égal à « -144 » ?

La calculatrice indique le message « erreur », cela est normal car $\sqrt{-144}$ *n'existe pas, tout simplement parce que sous une racine carrée le nombre doit être obligatoirement positif ou égal à zéro.*

<u>Comment résoudre $x^2 = a$?</u>

Résolvons l'équation $x^2 = 169$

<u>Que nous demande-t-on de faire?</u>

On nous demande tout simplement de déterminer un nombre qui multiplié par lui-même donne pour résultat 169.

La réponse est $\sqrt{169}$ *qui vaut* 13 *car* $13 \times 13 = 169$

<u>Existe-il une autre solution, c'est-à-dire un autre nombre qui multiplié par lui-même ait pour résultat 169 ?</u>

Oui, l'autre solution est « -13 » car $(-13) \times (-13) = 169$

> *<u>Rappels :</u>*
> *Lorsque 2 nombres de signe identique se multiplient, le produit est positif.*
> *Et lorsque 2 nombres de signe contraire se multiplient, le produit est négatif*

En résumé les solutions de l'équation « $x^2 = 169$ » sont « 13 et -13 » que nous noterons de la façon suivante :

$$S = \{-13\ ;\ 13\}$$

La lettre « S » qui est la 1ère lettre du mot « Solution »

En conclusion :

Si "a" est positif, les solutions de $x^2 = a$ *sont* $\sqrt{a}$ *et* $-\sqrt{a}$

Exemple n°1 : Déterminons les solutions de l'équation $x^2 = 121$

La première solution est :

$$x = \sqrt{121} = 11 \quad car \quad 11 \times 11 = 121$$

Et la deuxième solution est :

$$x = -\sqrt{121} = -11 \; car \; (-11) \times (-11) = 121$$

Au final les solutions sont : $S = \{-11 ; 11\}$

Exemple n°2 : Déterminons les solutions de l'équation $x^2 = 17$

La première solution est : 4,1231056256176605498214098559741

$$x = \sqrt{17} \approx 4{,}123105$$

Et la deuxième solution est :

$$x = -\sqrt{17} \approx -4{,}123105$$

Le problème ici est que $\sqrt{17}$ *et* $-\sqrt{17}$ *sont des nombres à virgule et si l'énoncé ne nous indique pas que l'on peut donner un résultat avec une virgule, nous ne devons pas remplacer* $\sqrt{17}$ *et* $-\sqrt{17}$ *par leurs valeurs obtenues par la calculatrice.*

Au final les solutions sont : $S = \left\{-\sqrt{17} ; \sqrt{17}\right\}$

EXERCICE 19

Résoudre les équations suivantes :

$x^2 = 16$

$x^2 = 81$

$x^2 = 144$

$x^2 = 625$

$x^2 = 1024$

Voir correction page 107

Quelques règles sur les racines carrées

Comment peut-on écrire $\sqrt{25 \times 16}$ *autrement ?*

Règle n°1 : $\sqrt{a \times b} = \sqrt{a} \times \sqrt{b}$

$$\sqrt{25 \times 16} = \sqrt{25} \times \sqrt{16} = 5 \times 4 = 20$$

Comment peut-on écrire $\sqrt{\frac{25}{16}}$ *autrement ?*

Règle n°2 : $\sqrt{\frac{a}{b}} = \frac{\sqrt{a}}{\sqrt{b}}$

$$\sqrt{\frac{25}{16}} = \frac{\sqrt{25}}{\sqrt{16}} = \frac{5}{4}$$

Mais pourquoi toutes ces règles ?

Tout simplement pour simplifier une racine carrée.

Le but de la simplification est d'avoir le plus petit nombre possible sous une racine carrée. Pour ce faire nous devons décomposer le nombre sous la racine (appelé également « le radical ») en un produit de facteurs entiers. Il faut absolument aussi faire apparaître des carrés parfaits qui se trouvent dans le tableau ci-après. (Un carré parfait est le carré d'un entier)

$\sqrt{0} = 0$	$\sqrt{1} = 1$	$\sqrt{4} = 2$	$\sqrt{9} = 3$
$\sqrt{16} = 4$	$\sqrt{25} = 5$	$\sqrt{36} = 6$	$\sqrt{49} = 7$
$\sqrt{64} = 8$	$\sqrt{81} = 9$	$\sqrt{100} = 10$	$\sqrt{121} = 11$
$\sqrt{144} = 12$	$\sqrt{169} = 13$	$\sqrt{196} = 14$	$\sqrt{225} = 15$ *et ainsi de suite…*

Résolvons différents types d'exercices, les plus fréquemment demandés.

Exercice n°1 : *Simplifions la racine carrée suivante :* $\sqrt{50}$

Comment pouvons-nous décomposer « 50 » en un produit de 2 nombres ?

1ère tentative :

$$\sqrt{50} = \sqrt{5 \times 10} = \sqrt{5} \times \sqrt{10}$$

Mais cette décomposition ne convient pas car dans le tableau des carrés parfaits, $\sqrt{5}$ *et* $\sqrt{10}$ *n'existent pas.*

Existe-t-il une autre décomposition possible de « $\sqrt{50}$ *» ?*

2ème tentative :

$$\sqrt{50} = \sqrt{25 \times 2} = \sqrt{25} \times \sqrt{2}$$

Cette décomposition convient car dans le tableau des carrés parfaits « $\sqrt{25}$ *» existe, nous allons donc pouvoir remplacer «* $\sqrt{25}$ *» par sa valeur « 5 ».*

$$\sqrt{50} = \sqrt{25 \times 2} = \sqrt{25} \times \sqrt{2} = 5 \times \sqrt{2} = 5\sqrt{2}$$

Au final $\sqrt{50} = 5\sqrt{2}$

Autres exemples du même style :

$$\sqrt{8} = \sqrt{4 \times 2} = \sqrt{4} \times \sqrt{2} = 2\sqrt{2}$$

$$\sqrt{27} = \sqrt{9 \times 3} = \sqrt{9} \times \sqrt{3} = 3\sqrt{3}$$

$$\sqrt{288} = \sqrt{144 \times 2} = \sqrt{144} \times \sqrt{2} = 12\sqrt{2}$$

Exercice n°2 : *Simplifions* $\sqrt{\dfrac{288}{27}}$

Nous savons que $\sqrt{\dfrac{288}{27}} = \dfrac{\sqrt{288}}{\sqrt{27}}$

D'après l'exemple précédent nous savons que :

$$\sqrt{288} = 12\sqrt{2}$$

$$\sqrt{27} = 3\sqrt{3}$$

Donc $\sqrt{\dfrac{288}{27}} = \dfrac{\sqrt{288}}{\sqrt{27}} = \dfrac{12\sqrt{2}}{3\sqrt{3}}$

Je vous conseille de séparer les racines carrées des autres nombres et de simplifier si cela est possible.

$$\sqrt{\frac{288}{27}} = \frac{\sqrt{288}}{\sqrt{27}} = \frac{12\sqrt{2}}{3\sqrt{3}} = \frac{12}{3} \times \frac{\sqrt{2}}{\sqrt{3}} = 4\sqrt{\frac{2}{3}}$$

D'après la règle $\sqrt{\dfrac{a}{b}} = \dfrac{\sqrt{a}}{\sqrt{b}}$

Exercice n°3 : Simplifions l'expression suivante en donnant une valeur exacte, c'est-à-dire en donnant le résultat sans virgule.

$$A = \sqrt{16+37}$$

Attention :

$\sqrt{a+b}$ *n'est pas égale à* $\sqrt{a}+\sqrt{b}$

Dans ce cas précis, la seule chose à faire est d'appliquer l'opération se trouvant sous la racine carrée.

$$A = \sqrt{16+37} = \sqrt{53}$$

Pouvons-nous décomposer $\sqrt{53}$ *en faisant apparaître un carré parfait ?*

NON.

En conclusion le résultat de $A = \sqrt{16+37}$ *est* $\sqrt{53}$ *tout simplement.*

En prenant la calculatrice $\sqrt{53}$ *est égale à 7,280109889...*

Puisque l'énoncé nous impose de trouver un résultat sans virgule, nous ne devons pas remplacer $\sqrt{53}$ *par sa valeur obtenue avec la calculatrice.*

Exercice n°4 : Simplifions $\sqrt{12}\times\sqrt{3}$

Nous savons que $\sqrt{a\times b} = \sqrt{a}\times\sqrt{b}$

Donc $\sqrt{12}\times\sqrt{3} = \sqrt{12\times 3} = \sqrt{36} = 6$

Exercice n°5: *Calculons* $\left(\sqrt{5}\right)^2$

A l'aide de la calculatrice calculons tout d'abord $\sqrt{5}$ *et mettons le résultat au carré, et nous obtenons tout simplement "5".*

Au final $\left(\sqrt{5}\right)^2 = 5$.

Dans le même style $\left(\sqrt{8}\right)^2 = 8$; $\left(\sqrt{3}\right)^2 = 3$; $\sqrt{(14)^2} = 14$ *etc.*

Règle: $\left(\sqrt{a}\right)^2 = a$

Lorsque "a" est positif $\sqrt{(a)^2} = a$

Remarque : $\sqrt{a} \times \sqrt{a} = a$

Cas particulier $\sqrt{(-6)^2} = 6$

(Le signe « - » a disparu car $\sqrt{(-6)^2} = \sqrt{(-6)\times(-6)} = \sqrt{36} = 6$ *)*

Attention à la règle des signes

Exercice n°6: Simplifions $\frac{4}{\sqrt{5}}$

Attention : Une racine carrée ne doit pas rester au dénominateur, nous devons donc la faire disparaître.

Mais comment ?

En multipliant le numérateur et le dénominateur par la racine carrée se trouvant au dénominateur.

$$\frac{4}{\sqrt{5}} = \frac{4 \times \sqrt{5}}{\sqrt{5} \times \sqrt{5}} = \frac{4\sqrt{5}}{5}$$

$$Car \ \sqrt{5} \times \sqrt{5} = \left(\sqrt{5}\right)^2 = 5$$

(Pour aborder la suite, il serait bien d'avoir vu les chapitres suivants : « Le développement partie 1 » et « Le développement partie 2 »)

Exercice n°7 : Simplifions $\dfrac{3}{\sqrt{3}+1}$

Nous devons faire disparaître la racine carrée se trouvant au dénominateur, en multipliant le numérateur et le dénominateur par la forme conjuguée du dénominateur.

La forme conjuguée de $\sqrt{3}+1$ *est* $\sqrt{3}-1$

Seul le signe du milieu a changé

$$\frac{3}{\sqrt{3}+1}=\frac{3\times\left(\sqrt{3}-1\right)}{\left(\sqrt{3}+1\right)\times\left(\sqrt{3}-1\right)}=\frac{3\sqrt{3}-3}{\left(\sqrt{3}\right)^2-\sqrt{3}+\sqrt{3}-1}=\frac{3\sqrt{3}-3}{3-1}=\frac{3\sqrt{3}-3}{2}$$

Si on ne vous demande pas un résultat décimal, vous devez laisser le résultat ainsi.

Exercice n°8 : Simplifions l'expression $4\sqrt{3}+7\sqrt{3}-5\sqrt{3}$

Pour ce faire nous devons tout simplement regrouper les termes en $\sqrt{3}$.

$$4\sqrt{3}+7\sqrt{3}-5\sqrt{3}=(4+7-5)\sqrt{3}=6\sqrt{3}$$

Exercice n°9 : Simplifions l'expression $\sqrt{18}+\sqrt{50}-\sqrt{32}$

- *Dans un premier temps nous devons simplifier* $\sqrt{18}$, $\sqrt{50}$ *et* $\sqrt{32}$ *:*

$$\sqrt{18}=\sqrt{9\times 2}=\sqrt{9}\times\sqrt{2}=3\sqrt{2}$$

$$\sqrt{50}=\sqrt{25\times 2}=\sqrt{25}\times\sqrt{2}=5\sqrt{2}$$

$$\sqrt{32}=\sqrt{16\times 2}=\sqrt{16}\times\sqrt{2}=4\sqrt{2}$$

- *Dans un deuxième temps nous remplaçons* $\sqrt{18}$, $\sqrt{50}$ *et* $\sqrt{32}$ *par leur simplification et nous les regroupons.*

$$\sqrt{18}+\sqrt{50}-\sqrt{32}=3\sqrt{2}+5\sqrt{2}-4\sqrt{2}=(3+5-4)\sqrt{2}=4\sqrt{2}$$

EXERCICE 20

Simplifier les racines carrées suivantes :

$\sqrt{75} =$

$\sqrt{180} =$

$\sqrt{135} =$

$\dfrac{\sqrt{75}}{\sqrt{180}} =$

$\dfrac{\sqrt{243}}{\sqrt{48}} =$

Voir correction page 108

EXERCICE 21

Simplifier les expressions suivantes :

$\dfrac{2}{\sqrt{5}}$; $\dfrac{3}{\sqrt{5}}$; $\dfrac{2}{\sqrt{3}+1}$; $\dfrac{4}{\sqrt{3}-1}$;

$\sqrt{50} + \sqrt{18} + \sqrt{72}$;

$\sqrt{27} + \sqrt{75} + \sqrt{12}$;

Voir correction page 108

Solutions des
exercices

EXERCICE 1

10^5 se lit 10 puissance 5

10^4 se lit 10 puissance 4

$10 \times 10 \times 10 \times 10 = 10^4$

$10 \times 10 \times 10 \times 10 \times 10 \times 10 = 10^6$

EXERCICE 2

10^{-6} Se lit "10 à la puissance -6" et s'écrit 0,000001

10^{-4} Se lit "10 à la puissance -4" et s'écrit 0,0001

10^{-2} Se lit "10 à la puissance -2" et s'écrit 0,01

10^{-1} Se lit "10 à la puissance -1" et s'écrit 0,1

EXERCICE 3

$10^3 \times 10^4 = 10^{3+4} = 10^7$

$10^4 \times 10^{-3} = 10^{4-3} = 10^1$

$10^3 \times 10^2 \times 10^5 = 10^{3+2+5} = 10^{10}$

$10^2 \times 10^4 \times 10^5 \times 10^3 = 10^{2+4+5+3} = 10^{14}$

EXERCICE 4

(+3) x (+4) = +12

(-2) x (- 6) = +12

(+6) x (-12) = -72

(-8) x (+2) = -16

(+13) x (+2) = +26

(-8) x (- 4) = +32

(+7) x (-2) = -14

(-9) x (+3) = -27

EXERCICE 5

$(10^3)^2 = 10^{3x2} = 10^6$

$(10^{-3})^4 = 10^{-3x4} = 10^{-12}$

$(10^2)^{-4} = 10^{2x(-4)} = 10^{-8}$

$(10^{-2})^{-3} = 10^{-2x(-3)} = 10^6$

$\frac{10^4}{10^2} = 10^{4-2} = 10^2$

$\frac{10^3}{10^{-2}} = 10^{3-(-2)} = 10^{3+2} = 10^5$

$\frac{10^{-3}}{10^{-2}} = 10^{-3-(-2)} = 10^{-3+2} = 10^{-1}$

EXERCICE 6

$12455 = 1{,}2455 \text{ x } 10^4$

$265498 = 2.65498 \text{ x } 10^5$

$0{,}2548 = 2{,}548 \text{ x } 10^{-1}$

$0{,}00021548 = 2{,}1548 \text{ x } 10^{-4}$

$125{,}456 = 1{,}25456 \text{ x } 10^2$

$59651{,}21654 = 5{,}965121654 \text{ x } 10^4$

EXERCICE 7

$2 \text{ x } 2 \text{ x } 2 \text{ x } 2 \text{ x } 2 \text{ x } 2 = 2^6$

$(-4) \text{ x } (-4) \text{ x } (-4) = (-4)^3$

$-3 \text{ x } 3 \text{ x } 3 \text{ x } 3 = -(3)^4$

$\frac{2^4}{2^2} = 2^{4-2} = 2^2$

$2^5 \text{ x } 2^2 = 2^{5+2} = 2^7$

$4^3 \text{ x } 4^2 = 4^{3+2} = 4^5$

$$\left(\frac{3}{2}\right)^5 = \frac{3^5}{2^5}$$

$$(2^4)^3 = 2^{4x2}=2^8$$

$$\frac{5^3}{5^2}=5^{3-2}=5^1$$

$$\frac{7^4}{7^{-5}}=7^{4-5}=7^{-1}$$

EXERCICE 8

17,2 < 18,24

-4,2 < -3,2

-42,89 > -42,90

3,285 < 3,29

4,872 > 4,87

EXERCICE 9

a) $\begin{cases} 3{,}28 \rightarrow 3 \\ 3{,}78 \rightarrow 4 \\ 3{,}50 \rightarrow 4 \end{cases}$

b) $\begin{cases} 3{,}285 \rightarrow 3{,}29 \\ 3{,}489 \rightarrow 3{,}49 \\ 3{,}455 \rightarrow 3{,}46 \end{cases}$

c) $\begin{cases} 2{,}3458 \rightarrow 2{,}346 \\ 2{,}3454 \rightarrow 2{,}345 \\ 2{,}3455 \rightarrow 2{,}346 \end{cases}$

d) $\begin{cases} 3{,}284 \rightarrow 3{,}29 \\ 3{,}286 \rightarrow 3{,}29 \\ 3{,}285 \rightarrow 3{,}29 \end{cases}$

e) $\begin{cases} 2{,}485 \rightarrow 2{,}48 \\ 2{,}483 \rightarrow 2{,}48 \\ 2{,}4842 \rightarrow 2{,}48 \end{cases}$

EXERCICE 10

$2,5 \rightarrow \frac{25}{10}$

$42,6 \rightarrow \frac{426}{10}$

$412,5 \rightarrow \frac{4125}{10}$

$215,25 \rightarrow \frac{21525}{100}$

$454,548 \rightarrow \frac{454548}{1000}$

$1,546 \rightarrow \frac{1546}{1000}$

$62,45 \rightarrow \frac{6245}{100}$

$548,54 \rightarrow \frac{54854}{100}$

$4496,54 \rightarrow \frac{449654}{100}$

$6411,4118 \rightarrow \frac{64114118}{10000}$

EXERCICE 11

$\frac{10}{3} + \frac{13}{3} = \frac{23}{3}$

$\frac{5}{2} - \frac{2}{2} = \frac{3}{2}$

$\frac{4}{9} + \frac{2}{9} = \frac{6}{9}$

$\frac{4}{9} - \frac{3}{9} = \frac{1}{9}$

$\frac{3}{7} + \frac{4}{7} = \frac{7}{7} = 1$

EXERCICE 12

$\frac{3}{7} \times \frac{2}{5} = \frac{6}{35}$

$\frac{1}{7} \times \frac{3}{4} = \frac{3}{28}$

$\frac{3}{2} \times \frac{7}{5} = \frac{21}{10}$

$\frac{7}{6} \times \frac{3}{2} = \frac{21}{12}$

$\frac{1}{3} \times \frac{1}{7} = \frac{1}{21}$

EXERCICE 13

$\frac{6}{35}$; $\frac{3}{28}$; $\frac{21}{10}$; $\frac{21}{12}$; $\frac{1}{21}$

EXERCICE 14

$\frac{7}{12}$; $\frac{11}{15}$; $\frac{41}{28}$; $\frac{34}{35}$; $\frac{25}{24}$

EXERCICE 15

$\frac{2}{3} > \frac{4}{7}$

$\frac{5}{4} < \frac{10}{3}$

$\frac{5}{9} < \frac{3}{5}$

$\frac{4}{3} > \frac{1}{5}$

$\frac{2}{9} > \frac{1}{7}$

EXERCICE 16

2 ; 2 ; 15 ; *5 ; 21*

EXERCICE 17

–1 ; 16 ; 13 ; 3 ; 14 ; –4 ; 27 ; –5 ; 10 ; 12

EXERCICE 18

4 x (2 + 4) = 8 + 16 = 24

3 x (2 – 4) = 6 – 12 = – 6

– 4 x (2 – 4) = – 8 + 16 = 8

–5 x (2 + 4) = – 10 –20 = – 30

–5 x (–2 + 4) = 10 – 20 = – 10

–5 x (–2 – 4) = 10 + 20 = 30

3 x (2 + 4) + 4 (4 – 1) = 6 +12 + 16 – 4 = 30

3 x (2 + 4) – 4 (4 – 1) = 6 + 12 – 16 + 4 = 6

3 x (3 – 4) – 3 (–2 + 1) = 9 – 12 + 6 –3 = 0

2 x (3 + 4) –7 = 6 + 8 – 7 = 7

EXERCICE 19

x = 4 et x = – 4

x = 9 et x = – 9

x = 12 et x = – 12

x = 25 et x = – 25

x = 32 et x = – 32

EXERCICE 20

$\sqrt{75} = \sqrt{3 \text{ x } 25} = \sqrt{3} \text{ x } \sqrt{25} = \sqrt{3} \text{ x } 5 = 5\sqrt{3}$

$\sqrt{180} = \sqrt{36 \text{ x } 5} = 6\sqrt{5}$

$\sqrt{135} = \sqrt{9 \text{ x } 15} = 3\sqrt{15}$

$$\frac{\sqrt{75}}{\sqrt{180}} = \frac{\sqrt{25 \text{ x } 3}}{\sqrt{36 \text{ x } 5}} = \frac{5\sqrt{3}}{6\sqrt{5}} = \frac{5}{6}\sqrt{\frac{3}{5}}$$

$$\frac{\sqrt{243}}{\sqrt{48}} = \frac{\sqrt{81 \text{ x } 3}}{\sqrt{16 \text{ x } 3}} = \frac{9\sqrt{3}}{4\sqrt{3}} = \frac{9}{4}$$

EXERCICE 21

$$\frac{2}{\sqrt{5}} = \frac{2\sqrt{5}}{5} \, ; \frac{3}{\sqrt{5}} = \frac{3\sqrt{5}}{5}$$

$$\frac{2}{\sqrt{3}+1} = \frac{2\,(\sqrt{3}-1)}{(\sqrt{3}+1)(\sqrt{3}-1)} = \frac{2\,(\sqrt{3}-1)}{3-1} = \frac{2\,(\sqrt{3}-1)}{2} = \sqrt{3}-1$$

$$\frac{4}{\sqrt{3}-1} = \frac{4\,(\sqrt{3}+1)}{(\sqrt{3}-1)(\sqrt{3}+1)} = \frac{4\,(\sqrt{3}+1)}{3-1} = \frac{4\,(\sqrt{3}+1)}{2} = 2\,(\sqrt{3}+1)$$

$\sqrt{50} + \sqrt{18} + \sqrt{72} = 5\sqrt{2} + 3\sqrt{2} + 6\sqrt{2} = 14\sqrt{2}$

$\sqrt{27} + \sqrt{75} + \sqrt{12} = 3\sqrt{3} + 5\sqrt{3} + 2\sqrt{3} = 10\sqrt{3}$

Printed in France by Amazon
Brétigny-sur-Orge, FR

21814042R00067